爱上内蒙古恐龙丛书

我心爱的独龙

WO XIN'AI DE DULONG

内蒙古自然博物馆 / 编著

内蒙古人民出版社

图书在版编目（CIP）数据

我心爱的独龙／内蒙古自然博物馆编著. —
呼和浩特：内蒙古人民出版社，2024.1
（爱上内蒙古恐龙丛书）
ISBN 978-7-204-17769-1

Ⅰ . ①我… Ⅱ . ①内… Ⅲ . ①恐龙-青少年读物
Ⅳ . ①Q915.864-49

中国国家版本馆 CIP 数据核字（2023）第 208605 号

我心爱的独龙

作　　者	内蒙古自然博物馆
策划编辑	贾睿茹　王　静
责任编辑	段瑞昕
责任监印	王丽燕
封面设计	李　娜
出版发行	内蒙古人民出版社
地　　址	呼和浩特市新城区中山东路 8 号波士名人国际 B 座 5 层
网　　址	http://www.impph.cn
印　　刷	内蒙古爱信达教育印务有限责任公司
开　　本	889mm×1194mm　1/16
印　　张	5.25
字　　数	160 千
版　　次	2024 年 1 月第 1 版
印　　次	2024 年 1 月第 1 次印刷
书　　号	ISBN 978-7-204-17769-1
定　　价	48.00 元

如发现印装质量问题，请与我社联系。联系电话:(0471)3946120

扫码进入>>

内蒙古恐龙新闻站

NEIMENGGU KONGLONG XINWENZHAN

🔥 恐龙快讯

独龙来了！

真正的远古霸主在此

看图文科普，快速解锁恐龙新知识

🧩 恐龙拼图

恐龙的种类上千种

你最喜爱哪一种？

玩拼图游戏，拼出完整的恐龙模样

恐龙世界

观看在线视频，享受视觉盛宴

走近恐龙，揭开不为人知的秘密!!!

听说恐龙们都很有故事。

请展开讲讲……

没办法，活得久见得多。

倾听恐龙的 **心声**

🎙 恐龙访谈

内蒙古人民出版社 **特约报道**

内蒙古自治区二连浩特市
❄ 温度：28℃

前　言

　　数亿年来，地球上出现过许多形形色色的动物，恐龙是其中最令人着迷的类群之一。恐龙最早出现在三叠纪时期，在之后的侏罗纪和白垩纪时期成为地球上的霸主。那时，恐龙几乎占据了每一块大陆，并演化出许多不同的种类。目前世界上已经发现的恐龙有1000多种，而尚未被发现的恐龙种类或许远超这个数字。

　　你知道吗？根据中国古动物馆统计，截至2022年4月，中国已经根据骨骼化石命名了338种恐龙，而且这个数字还在继续增长。目前，古生物学家在我国的26个省区市发现了恐龙化石，其中，内蒙古仅次于辽宁，是发现恐龙化石种类第二多的省区。

　　内蒙古现有40多种恐龙被命名，种类丰富，有很多具有重要的科研价值，如巴彦淖尔龙、独龙、乌尔禾龙和绘龙等。

　　你知道哪只恐龙创造过吉尼斯世界纪录吗？你知道哪只恐龙被称为"沙漠王者"吗？你知道哪只恐龙练就了"一指禅"功法吗？这些问题，在"爱上内蒙古恐龙丛书"中，都能找到答案。

　　"爱上内蒙古恐龙丛书"选取了12种有代表性的在内蒙古地区发现的恐龙，即巴彦淖尔龙、中国鸟形龙、临河盗龙、临河爪龙、乌尔禾龙、鄂托克龙、阿拉善龙、鹦鹉嘴龙、巨盗龙、绘龙、独龙和耀龙，详细介绍了这些恐龙的外形特征、发现过程以及家族成员等。每一种恐龙都有一张属于自己的"名片"，还有精美清晰的"证件照"，让呈现在读者面前的恐龙更加鲜活生动。

　　希望通过本丛书的出版，让大家看到内蒙古恐龙，乃至中国恐龙研究的辉煌成就，同时激发读者对自然科学的兴趣。

　　在丛书的编写过程中，我们借鉴了业内专家的研究成果，在此一并致谢！

我心爱的
独龙

第一章 恐龙驾到

提起暴龙（也就是我们常说的霸王龙），我想大家对它们超凡的捕猎技巧以及狡猾好斗的性格并不陌生。可是你知道吗？这位家喻户晓的大明星只生活在北美洲。暴龙家族中最早的成员可能起源于亚洲，在中国也曾生活着许多暴龙类成员，你能否说出它们的名字呢？

我心爱的独龙

你是否知道有些生活在中国的暴龙类成员还长着一身华丽的羽毛？

你是否知道暴龙家族中前肢最短的成员并不是霸王龙，而是一种来自中国的暴龙？

你是否知道还有一种喜欢单独行动的暴龙类成员正在偷偷地哭泣？

如果你对上述问题还心存疑惑，那就请随恐龙猎人诺古一起进入恐龙访谈室揭开谜底吧！

暴龙理发店开业大酬宾

近日，本店推出多款新型发型供大家选择。由资深的 tony 老师——暴龙先生为大家设计发型。

即日起，凡在本店理发的顾客可与自带"剪刀手"的暴龙先生合影。

Alectrosaurus olseni　　*Lynx lynx*

奥氏独龙　　　诺古

 温度：28℃

 恐龙

奥氏独龙先生，您好，有幸邀请您参加恐龙访谈节目，非常高兴。

 大家好，我是奥氏独龙。

额……您真的是"龙"如其名，语言简练。您可以多介绍一点您的情况吗？让大家对您有更多的了解。

 ……

方谈

恐龙气象局温馨提示：

今天天气多云

空气质量良好

主持人：诺古　本期嘉宾：奥氏独龙

您怎么看起来有些难过啊？

因为我很孤独……

为什么呢？难道"独龙"这个名字是这样来的吗？

当然不是！我叫独龙是因为我喜欢单独行动，而我难过是因为我的家族没落了……

您先别难过，具体发生了什么呢？

我们暴龙家族曾经是叱咤风云的一方霸主，每一辈都通过不懈的努力和拼搏，使家族越来越强大，最终登上了食物链的顶端。

那也太厉害了吧！不过您的家族是如何登上食物链顶端的呢，让我也学习学习！

首先，我们得让自己的体形变得越来越大，力量越来越强，这样才能让猎物闻风丧胆。

据我所知，体形并不是一个决定因素吧，因为临河盗龙的体形就很小，但它们也是很厉害的猎食者。

恐龙访谈

不同物种所处的生态位不同，所以有些体形大，有些体形小。不过在优胜劣汰的丛林法则中，有一个理论叫作"科普定律"。

是那位美国的古生物学家科普提出的吗?

化石猎人成长笔记

科普

　　科普的全称为爱德华·德克林·科普，他是美国的一位古生物学家，由他命名的脊椎动物多达上千种。著名的"化石战争"就是他与另一位古生物学家关于化石数量、命名的战争，最终，这一不良竞争对双方都造成了极大的伤害。

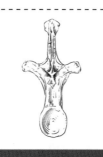

**科普命名的
易碎双腔龙化石**

没错，科普认为体形越大的动物越不易成为捕食对象，它们在捕猎和寻找配偶时也更有优势。

原来是这样，可是想要变大并不是一件容易的事情。

我要是生活在那个时期该有多好!

这就要归功于当时独特的气候与环境条件。正是因为这些因素，许多恐龙的体形趋向巨大化，当然也包括我们的猎物。

凡事都有两面性! 我们需要不断改变自身才能登上食物链的顶端。就像我们家族的有些成员为了适应气候环境，还长出了羽毛。

我知道奇异帝龙和华丽羽王龙都"穿"着毛茸茸的"小棉袄"。

你知道的还不少嘛!

奇异帝龙

除了它们之外，还有哪些成员也长着羽毛呢？

古生物学家推测刚孵化出的暴龙宝宝也长有原始的羽毛，不过在其生长过程中羽毛会慢慢脱落。

 哈哈，原来暴龙还会"脱发"呀！这么说来，成年暴龙是没有羽毛的，对吗？

根据现有的化石来看，成年暴龙是没有羽毛的。不过以后怎么样谁知道呢？

 哈哈，也是。可是为什么华丽羽王龙有羽毛而成年暴龙没有呢？

招聘：暴龙家族牙科诊所招聘一名牙医

要求：手艺高超、品行端正、样貌端庄，具有良好的心理素质，能应对脾气暴躁的顾客。

因为华丽羽王龙生活的地方比较寒冷，羽毛可以帮助它们保温。而暴龙生活在如今的北美洲，散热还来不及呢，谁还需要保温啊！

不愧是顶级猎食者，适应能力可真强！想必除了外形，你们的捕猎技术也在不断加强吧？

暴龙宝宝

是的，我们为了使猎物一击毙命，尽可能地将全身都演化为捕猎利器，甚至连我们的尾巴都没有放过。

恐龙访谈

哇，还有哪些有力的武器呢？

这可是我们家族登上食物链顶端的诀窍，怎么会轻易透露给别人！

您已经登上了食物链顶端，还有什么不可透露的呢！

也是，那就勉为其难地和你说一点吧。我们家族最有力的武器都集中在头部，有些成员的头部可达 1.45 米长。

天呐，都超过了我的身长……

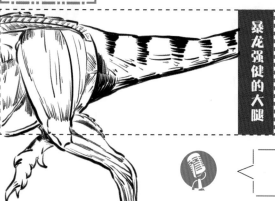

暴龙强健的大腿

我们有着超群的嗅觉和"千里眼"，可以瞬间锁定猎物，巨大的咬合力可以让猎物粉身碎骨。我们还有强健的大腿，可以让我们快速追捕猎物。

嗯……我怎么越听越害怕呢？您现在还不饿吧？

我可是很挑食的，不喜欢蒜味儿！

这都闻出来了，您的嗅觉果然了得。

这都不算什么！古生物学家通过 CT 扫描暴龙的头盖骨化石发现，暴龙的嗅觉灵敏度相当于 100 只猎犬嗅觉灵敏度的总和。灵敏的嗅觉可以使它们轻松地捕捉到空气中拂过的微弱肉味，并锁定气味的确切来源。

这也太厉害了吧。对了，您说您的尾巴也是一种武器，难道就像甲龙的大尾锤似的可以用来抽打猎物吗？

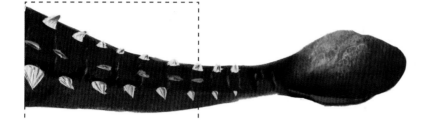

我们粗壮的尾巴主要用来保持平衡，同时还可以让我们在捕猎中快速转变方向。

中国缙云甲龙的尾锤

原来是这样！

你可以把我们想象成跷跷板，总需要有一个平衡点才可以保持稳定，不然很容易"栽跟头"。

这样说来，你们的尾巴是与身体保持平行而不是垂到地面上的。

没错，我们的尾巴在奔跑的时候要抬得更高一些，这样才能使我们快速转变方向。

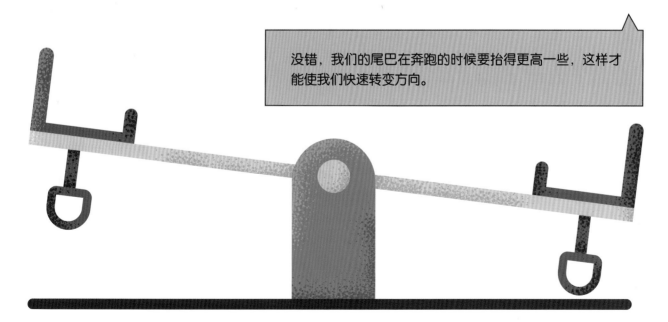

 居然这么灵活。那你们的家族成员跑起来是不是很快？

不同体形的暴龙奔跑速度不同，体形较大的暴龙相对会慢一点，幼年或者体形较小的暴龙相对更快一些。

 您可以说得再具体一点吗？

 啊！那体形巨大的暴龙家族成员可以抓住猎物吗？

例如，体形巨大的暴龙和诸城暴龙，它们跑起来的速度约每小时29千米，还没有赛马快。但是幼年暴龙的奔跑速度可达每小时50千米。

它们不需要跑得很快，因为它们的猎物跑得也不是很快，而且它们的大长腿一步就可以迈7米左右。

 看来猎物很难龙口脱险！对了，您刚提到有些"装备"退化了，是什么呢？

五彩冠龙头冠

我的前辈五彩冠龙，它们的头部长着美丽的头冠，可这个头冠也只是徒有其表，没有什么实际作用，所以后期的族龙几乎都没有长头冠。

 我还觉得那个头冠挺漂亮的呢。哎，您怎么又不开心了？

提起五彩冠龙，又勾起了我的伤心往事。

 您别难过，五彩冠龙是暴龙家族在亚洲的"祖师爷"，是很厉害的开拓者。

话是这样说，但五彩冠龙老爷子的"开局"并不顺利。

老爷子怎么了？

五彩冠龙

在当时的环境中，五彩冠龙的体形比较小。它们在其他巨龙的阴影下战战兢兢地生活，在夹缝中求生。但它们具有暴龙家族典型的锋利牙齿。

这不是很好吗？

可是古生物学家发现了两只在捕猎时掉入泥潭的五彩冠龙。而所谓的泥潭其实是一只巨型恐龙的脚印，要是它们身材高大一点就不会发生这样的惨剧了……

但五彩冠龙老爷子至少把暴龙家族创立起来了，而且暴龙家族最终称霸丛林，它一定很欣慰。

希望是这样，暴龙家族一代赛过一代，将顽强拼搏、不懈奋斗的精神传承了下去，没有让祖师爷失望。

能够认识您真是我的荣幸！

我的族人也很厉害，下面我给你介绍一下我的族人吧。

暴龙家族的"独行侠"

🔍 | **奥氏独龙** | 全部

拉丁文学名： *Alectrosaurus olseni*

属名含义： 单独的蜥蜴

生活时期： 白垩纪时期（8300万～7400万年前）

化石最早发现时间： 1923年

二指

　　奥氏独龙有很多名字，如独身龙、鹰龙和阿莱龙。独龙家族只有独龙一个种，意为"单独的蜥蜴"。其属名 *"Alectrosaurus"* 意为独身的、没有伴的蜥蜴，种名 *"olseni"* 是为了纪念发现标本的古生物学家乔治·奥尔森。独龙之所以被称为独龙，并不是因为它们很孤独，而是因为它们喜欢单独捕猎。

我心爱的独龙

奥氏独龙于 1923 年被发现，可是直到 1933 才被命名。一般情况下，恐龙化石的发现时间与命名时间不会间隔很久，可是奥氏独龙却间隔了整整 10 年。

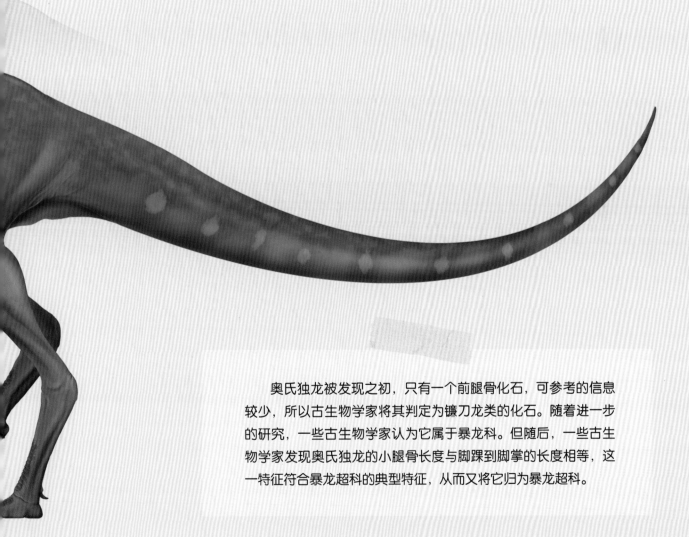

奥氏独龙被发现之初，只有一个前腿骨化石，可参考的信息较少，所以古生物学家将其判定为镰刀龙类的化石。随着进一步的研究，一些古生物学家认为它属于暴龙科。但随后，一些古生物学家发现奥氏独龙的小腿骨长度与脚踝到脚掌的长度相等，这一特征符合暴龙超科的典型特征，从而又将它归为暴龙超科。

🔍 | **奥氏独龙**   **全部** ◄

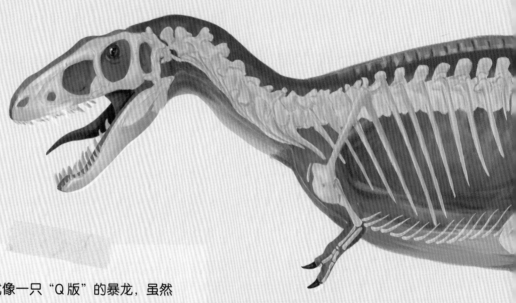

奥氏独龙就像一只"Q版"的暴龙，虽然
它们的外形与暴龙相似，但是它们的体长仅约
5米，还不及暴龙的一半。

奥氏独龙的头部并不像暴龙那样沉重巨大，而是瘦长、
轻盈，它们还有着"S"形的颈部。

奥氏独龙的前肢长度和暴龙家族后期成员的"小短手"长度差不多，而且前肢末端有两根手指，每根手指上都长有锋利的爪尖。不过由于前肢关节结构的限制，它们只能保持"掌心相对"的姿势。

奥氏独龙的背部与地面平行，修长的尾巴可以抬离地面，从而帮助它们在奔跑时快速地转变方向。奥氏独龙有着强有力的后肢和细长的脚，特殊的关节结构可以帮助它们快速奔跑，再加上修长的身材，使得奥氏独龙成为一名"运动健将"。

独龙家族树

暴龙超科（奥氏独龙所在的演化支）的家族成员最早出现于侏罗纪，到了白垩纪，它们已成为北半球的大型优势猎食者。关于侏罗纪的暴龙超科化石记录较少，化石保存质量较差，其中保存最完好的化石是发现于中国新疆的五彩冠龙。

白垩纪

晚白垩世

早白垩世

侏罗纪

晚侏罗世

中侏罗世·早侏罗世

暴蜥伏龙

伤龙

奥氏独龙

雄关龙

喀左中国暴龙

华丽羽王龙

帝龙

始暴龙

史托龙

侏罗暴龙

五彩冠龙

哈卡斯龙

原角鼻龙

原角鼻龙科

暴龙超科

我心爱的独龙

蛇发女怪龙

艾伯塔龙

虔州龙

分支龙

八角霸王龙

白熊龙

怪猎龙

血王龙

惧龙

未定种的惧龙

诸城暴龙

特暴龙

霸王龙

0.66亿年前

艾伯塔龙亚科

暴龙科

暴龙亚科

1亿年前

1.45亿年前

现在你应该对我有一定的了解了吧。接下来我要隆重地为你介绍一下我的家族！

1.64亿年前

1.74亿年前

2.01亿年前

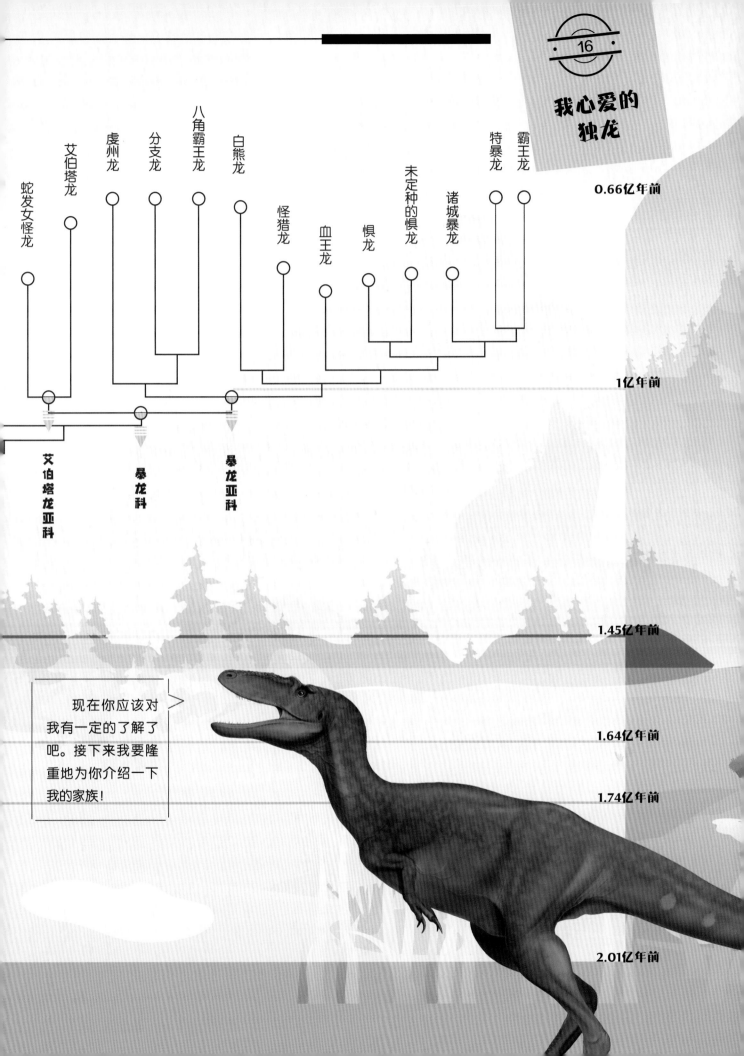

第二章　恐龙速递

大约在 2.3 亿年前的三叠纪，一类名叫恐龙的爬行动物出现了。它们是中生代时期的主要居民，几乎占据着当时的每一片大陆。

迄今为止，全世界被发现的恐龙有1000多种，古生物学家根据恐龙的骨架特征等将恐龙分为诸多家族，如甲龙类、剑龙类和角龙类等。每一个家族又包含许多成员，它们既有相似之处，又有各自的特点：有些尾巴上长着"大锤"，有些尾巴上长着尖刺；有些喜欢吃植物，有些喜欢吃鱼；有些头上长着"长管"，有些头上戴着"头盔"……

我真不是"五彩"的

🔍 | **五彩冠龙**   **全部** ▾

拉丁文学名： *Guanlong wucaii*   —

属名含义：五彩的冠龙   —

生活时期：侏罗纪时期（约 1.6 亿年前）   —

化石最早发现时间：2002 年   —

2002 年，古生物学家在中国新疆维吾尔自治区准噶尔盆地五彩湾发现了两具兽脚类恐龙化石。经研究，古生物学家将其命名为五彩冠龙，其属名指的是它奇特的头冠，种名指的是化石发现地五彩湾。

2006 年，古生物学家徐星发现，五彩冠龙是暴龙家族中的老前辈，比祖母暴龙早 1000 多万年，比暴龙早 9000 多万年，比帝龙早 3000 多万年。五彩冠龙是中国已知最早的暴龙家族成员，也是世界已知最早的暴龙家族成员之一。

徐星是世界上命名恐龙有效属种最多的学者之一，如窃蛋龙类、镰刀龙类等，他还在研究鸟类起源和羽毛起源等方面做出了重大贡献。本想成为一名物理学家的他，阴差阳错地成了一名优秀的古生物学家。

徐星

五彩冠龙是暴龙家族中的"小不点"，它们有着锋利的牙齿和强壮的后肢。与暴龙的"小短手"不同，五彩冠龙的前肢很长，并长有3根手指。古生物学家推测它们还可能长有一身美丽的羽毛。

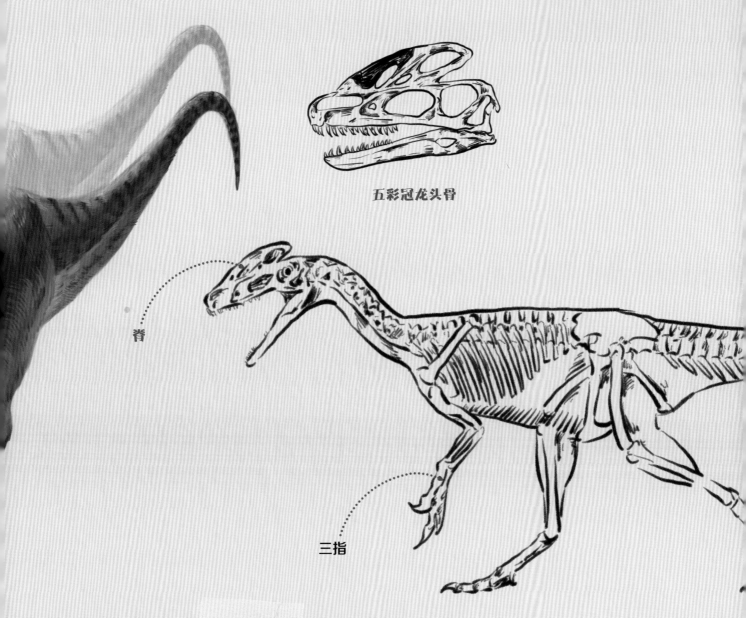

五彩冠龙头骨

脊

三指

五彩冠龙的头冠其实是长在头骨上的脊，里面有很多气室，又薄又脆，是所有兽脚类恐龙中最复杂、最华丽的头冠。这在暴龙家族中是极为罕见的，不过古生物学家推测它们的头冠并没有什么实际作用。

我可是帝王般的存在

🔍 | **奇异帝龙**   **全部**

拉丁文学名： *Dilong paradoxus*   —

属名含义： 恐龙帝王   —

生活时期： 白垩纪时期（1.39 亿～1.28 亿年前） —

化石最早发现时间： 2004 年   —

2004 年，古生物学家在辽宁省北票市陆家屯发现了一块兽脚类恐龙化石。经研究发现，这块化石的主人属于暴龙家族祖先级别的成员，所以古生物学家将其命名为帝龙，意为最早的帝王。暴龙家族的成员身长一般可达 10 米，而帝龙的身长仅约 2 米。其种名"奇异"指的就是其令人惊诧的袖珍体形。

奇异帝龙的骨架线图

古生物学家在奇异帝龙的化石上发现了一些呈丝状的羽毛痕迹。这些羽毛的长度约 2 厘米，或许可以起到保温的作用。

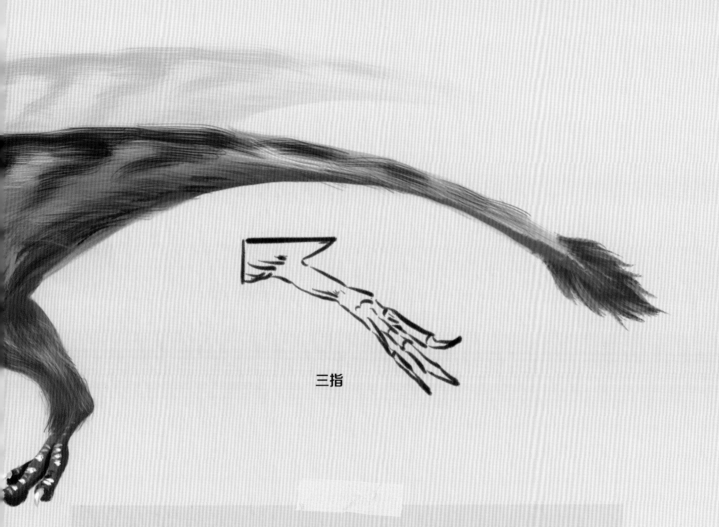

三指

奇异帝龙有良好的视力，可以精准地锁定猎物。它们还有着锋利的牙齿和尖爪（前肢上分别有 3 个尖爪），能够对猎物造成致命的伤害。古生物学家发现，奇异帝龙的大脑和现生的鸟类相似，都是"S"形，而且大脑中的一部分组织可以提高奇异帝龙运动时的平衡性和稳定性，从而使奇异帝龙在高速奔跑的时候能够瞬间转变方向，灵活精准地追捕猎物。

瞧瞧我这身漂亮的羽毛

🔍 华丽羽王龙	全部

拉丁文学名：*Yutyrannus huali*

属名含义：华丽的羽毛暴君

生活时期：白垩纪时期（约 1.25 亿年前）

命名时间：2012 年

2009 年，古生物学家徐星挖出一种从未发现的恐龙化石，具有很高的研究价值。经过 3 年的研究，2012 年正式将其命名为华丽羽王龙。

华丽羽王龙被发现于辽宁省北票市，它们是暴龙家族中为数不多的有羽毛的成员，也是迄今为止发现的体形最大的带羽毛的恐龙。

华丽羽王龙脖子上的羽毛最长可达 20 厘米，其他部位的羽毛稍短一点，但平均也有 15 厘米长。华丽羽王龙的羽毛和现生鸟类的体羽不同，是比较简单的丝状物，和现生小鸡身上的绒毛比较相似。

三指

古生物学家推测华丽羽王龙的羽毛可能是彩色的，可以称得上是当时的颜值担当。华丽羽王龙的羽毛不仅可以让它们变得华丽漂亮，还可以帮助它们抵御严寒，减少热量的散失。

我可是"苏"的老大哥

🔍 喀左中国暴龙	全部

拉丁文学名： *Sinotyrannus kazuoensis* —

属名含义： 来自中国喀左的暴君 —

生活时期： 白垩纪时期（约 1.2 亿年前） —

化石最早发现时间： 2009 年 —

2009 年，古生物学家在辽宁省朝阳市喀喇沁左翼蒙古族自治县发现了一个体形巨大的恐龙化石——喀左中国暴龙。经过对化石的研究和鉴定，古生物学家惊喜地发现这是两代人苦苦寻找了 40 多年的暴龙化石，而且是目前已知世界上最大的、生活在白垩纪早期的暴龙。

喀左中国暴龙化石的完整度可达 85%，是极为罕见和珍贵的暴龙化石，它们的发现对古生物学家研究中国暴龙有重大意义。

　　喀左中国暴龙属于暴龙家族中的原角鼻龙科，是暴龙的远亲，它们所处的时期比暴龙"苏"还要早5000万～6000万年，这进一步说明了中国是暴龙的重要演化地。喀左中国暴龙的体长可达10米，是早期暴龙家族中的大高个，它们较大的体形证明了暴龙家族在白垩纪早期就已经完成了大型化的演化。

三指

　　"苏"是暴龙家族中的大明星，它生活在白垩纪晚期，化石完整度可达85%，是2001年以前发现的体形最大、最完整的暴龙化石。"苏"是目前价格较昂贵的暴龙化石之一，其拍卖价格达840万美元。

暴龙"苏"

我可是暴龙家族体形变化的纽带

🔍	白魔雄关龙	全部

拉丁文学名: *Xiongguanlong baimoensis* —

属名含义: 雄关的蜥蜴 —

生活时期: 白垩纪时期(1.25 亿 ~ 1 亿年前) —

化石最早发现时间: 2009 年 —

2009 年,古生物学家将甘肃省嘉峪关市挖出的恐龙化石命名为白魔雄关龙。因嘉峪关号称天下第一雄关,故属名为 "*xiongguanlong*";种名 "*baimoensis*" 意指当地一处白色城堡状的自然景观。

白魔雄关龙大约有 70 颗锋利的牙齿,口鼻又长又窄,适合撕咬猎物,不似晚期暴龙家族成员的口鼻粗壮坚固,可以直接咬碎猎物。白魔雄关龙的头骨和颈椎比早期暴龙家族成员更加粗壮,已具备大型暴龙类的特征。

白魔雄关龙属于暴龙家族中的中小型暴龙，它们生活在1.25亿～1亿年前，这个时期正值原角鼻龙科衰落和大型暴龙类崛起。

白魔雄关龙发现之前，暴龙类化石中有长达4000万年的化石记录缺失，谁也不知道在这4000多万年中到底发生了什么，使暴龙家族的体形逐渐变大。白魔雄关龙很可能是暴龙类研究中那"缺失的一环"。白魔雄关龙的发现为古生物学家研究暴龙家族成员的体形演化（由小变大）提供了绝佳的资料。

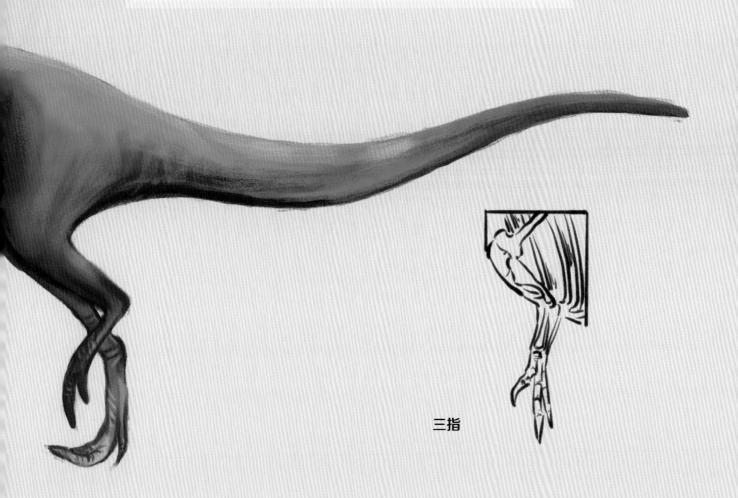

三指

我不是暴龙

🔍 巨型诸城暴龙   全部 ◄

拉丁文学名： *Zhuchengtyrannus magnus*

属名含义： 来自诸城的暴君

生活时期： 白垩纪时期（7350 万～ 6600 万年前）

命名时间： 2011 年

2008 年，古生物学家在山东省诸城市发现了一块大型肉食性恐龙的化石，这块化石竟然与 40 年前挖出的暴龙类牙齿化石属于同一只暴龙。2011 年，古生物学家将其命名为巨型诸城暴龙。其属名"*Zhuchengtyrannus*"取自化石发现地；种名"*magnus*"意为巨大的，指其巨大的体形。

巨型诸城暴龙的头部特写

巨型诸城暴龙是中国目前发现的体形最大的肉食性恐龙之一。它们与暴龙的关系很近，长得也很相似，看起来像缩小版的暴龙。

巨型诸城暴龙的头部可达 1.4 米长，它们的头骨又宽又厚，上面长着一双非常大的眼睛，可以帮助它们看到几千米以外的猎物。它们的脑袋上有一对很大的鼻孔，可以帮助它们快速地捕捉到千米之外猎物的气味。

二指

巨型诸城暴龙的咬合力超强，它们的口中有 60 多颗锋利的牙齿，最大咬合力可达 5 吨，是现生鳄鱼咬合力的 10 倍。它们可以轻松地咬坏一辆小轿车，这样的力量用来穿透猎物的身体，简直是小菜一碟。

我不喜欢撒谎

中华虔州龙   全部

拉丁文学名： *Qianzhousaurus sinensis*

属名含义： 中华虔州蜥蜴

生活时期： 白垩纪时期（约 7200 万年前）

化石最早发现时间： 2010 年

2010 年，江西省赣州市一处建筑工地的几名工人在施工时发现了一些恐龙化石。经古生物学家吕君昌深入研究，将其命名为中华虔州龙，其属名取自赣州的古称虔州。

中华虔州龙头骨

吕君昌是地质研究所的一位副研究员，2018 年逝世。他主要研究中生代时期的爬行动物，如翼龙、恐龙。由他命名的爬行动物有模块达尔文翼龙和巨型汝阳龙等。

吕君昌

中华虔州龙的头骨长度为 0.9 米，约占全身长度的十分之一，它们又细又长的脑袋上还长着一个长鼻子。古生物学家通过对比同体形的虔州龙和特暴龙的头骨发现，相同比例的虔州龙的头骨比特暴龙的头骨长 30%，所以它们也被称为暴龙家族中的"匹诺曹龙"。

二指

中华虔州龙的牙齿不同于暴龙家族其他成员的粗大锯齿，它们的牙齿又长又细。它们还有两条"大长腿"，修长的腿部和短小的身材可以帮助它们在丛林中快速地奔跑和隐蔽。中华虔州龙奇特的长相可以称得上是暴龙家族中的另类，为了适应当时的气候环境，做另类也是一种选择。

我可是亚洲暴龙大明星

🔍 勇士特暴龙	全部
拉丁文学名：*Tarbosaurus bataar*	▬
属名含义：令人惊恐的蜥蜴	▬
生活时期：白垩纪时期（约 7000 万年前）	▬
命名时间：1955 年	▬

勇士特暴龙的属名"*Tarbosaurus*"意为"令人惊恐的蜥蜴"，其种名"*bataar*"意为勇士。勇士特暴龙是暴龙家族中的"旅行家"，古生物学家在亚洲的很多地方都发现了它们的足迹。

特暴龙骨架

勇士特暴龙是目前亚洲已知最大的肉食性恐龙之一，也是暴龙家族在亚洲的"代言龙"。勇士特暴龙的外形与暴龙很相似，但体形略小，约12米，而暴龙的体长可达14米。

二指

勇士特暴龙的前肢比较短，是暴龙科中前肢最短的成员。它们的头部比暴龙狭窄，上面长有特殊的颌关节，从而使它们拥有强大的咬合力。勇士特暴龙的咬合力可达3.6吨～4.5吨。勇士特暴龙的眼睛朝向两侧，它们不像暴龙家族中的其他成员具有立体视觉，所以在捕猎时更依赖嗅觉与听觉。

第三章 恐龙猎人

中生代可谓是爬行动物的天下，无论是海洋、天空还是陆地，都有它们的身影。海洋中，有鱼龙类和蛇颈龙类等海生爬行动物占据；天空中，有翼龙类这种会飞的爬行动物翱翔；陆地上，有被称为"恐怖蜥蜴"的恐龙称霸！

我心爱的
独龙

恐龙统治地球 1.6 亿年之久，除陆地之外，它们还涉足天空和海洋。恐龙拥有惊人的适应能力，随着环境的变化，它们演化出了独特的身体结构，拥有很多生存技能，成为中生代时期最繁盛和最具生存优势的脊椎动物。

虽然目前已经发现和认识了许多恐龙，但还有很多与恐龙相关的内容等待我们进一步发掘。如果你爱好探索并对自然界充满好奇心，请随我们一起回到恐龙世界，修炼成为一名优秀的恐龙猎人吧！

暴龙家族的"剪刀手"

你知道暴龙家族的成员都有几根手指吗?

我猜你一定会不假思索地告诉我:两根。

其实事实并不是这样。早期的暴龙成员如冠龙，有**三根手指**。随着时间的推移，第三指在演化的过程中逐渐缩小，到暴龙科成员出现的时候，它们只剩下两指。古生物学家在一些勇士特暴龙和暴龙的前肢标本上还发现了退化的第三指痕迹，但上面并没有指爪。

从中国发现的暴龙家族成员的手指数量的变化情况来看，生活在白垩纪早期的暴龙家族成员有三个手指，而白垩纪晚期的暴龙家族成员则只有两个手指。它们的前肢在进化的过程中也越来越短小。

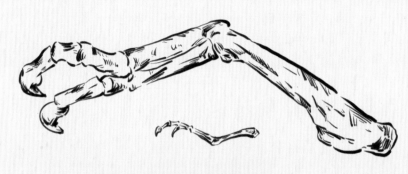

暴龙与"迷你"暴龙前肢对比

在众多肉食性恐龙中，暴龙家族晚期成员的体长和体重并不最占优势，但其咬合力、视觉和嗅觉等决定性指标都是顶级的，所以它们成为霸主绝非浪得虚名。

唯一的"遗憾"就是那双短得连自己脸都够不到的"小短手"。

暴龙的"小短手"

暴龙家族成员的两只"小短手"和它们庞大的体形成了巨大的反差，着实与它们的形象不相符。

暴龙家族成员的"小短手"既无法用于进食，也无法捡起地上的东西，更无法进行战斗，所以有些古生物学家认为暴龙家族成员的前肢是退化遗留物，毫无作用。

可事实真的是这样吗？

一些古生物学家认为存在即合理。美国俄亥俄大学的古生物学家莎拉·伯奇在对恐龙家族的后代——鸟类的肌肉组织进行研究后发现，如果暴龙家族成员的前肢是退化遗留物，那么暴龙就会丧失包括肌肉附着点在内的解剖学特征。

从目前发现的暴龙类化石来看，有大量肌肉组织的证据。由此看来，暴龙家族成员的前肢是有用处的。可是它们的前肢究竟有什么作用呢？若想要了解这个问题，不妨先了解它们前肢的结构与特性。

暴龙家族成员前肢上的骨头很粗壮，这就意味着它们的前肢拥有很大的力量。 一只成年暴龙的肱二头肌可以承受近200千克的重量，若是再与其他肌肉一起用力的话，暴龙前肢的力量就更大了。或许有一天我们能够坐时光穿梭机回到6600万年前，和暴龙掰手腕，那后果就是会直接被它们抡飞。

掰手腕

暴龙家族成员的前肢活动范围很小。 例如，暴龙的肩关节只有40度的活动范围，而我们人类的肩关节可以旋转360度，如果它们想要给自己挠痒痒的话，会有90%的地方都触碰不到。

这样听起来，暴龙的前肢好像很差劲。 但古生物学家却认为这是暴龙对自身的保护，因为受限制的运动可以帮助它们牢牢地抓住猎物且不受伤害。

问题来了，暴龙类的前肢到底为什么会变短？一些古生物学家推测暴龙家族成员在最初阶段所拥有的较细长的前肢可以帮助它们捕猎。

但是由于某些原因，它们放弃了前肢的捕猎功能，将力量转向巨大的头部，最终导致它们的前肢变得十分短小，而其头部、颌部和牙齿变得越来越有力量。

巨大的头部使暴龙家族成员的身体重心前移，随之而来的问题就是它们在站起来的时候很容易前倾摔倒。为了不摔跟头，暴龙家族成员对自己的身体结构做了一系列调整：

首先，它们将自己的前肢缩小来保持平衡；

其次，它们粗短的颈部呈S形，上面有强壮的肌肉，可以支撑起巨大的头部；

再次，为了平衡头部的重量，它们的尾巴演化得越来越粗壮。

最后，为了避免超重，它们身体里的许多骨头都是中空的，这样不仅可以减轻身体的重量，还可以在维持骨头强度的同时保持灵活性。

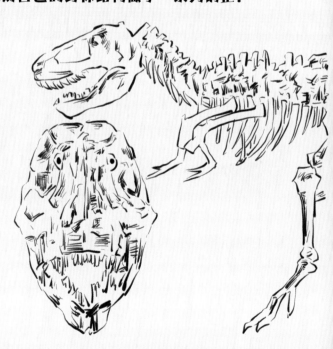

暴龙的头骨和骨架

还有一些古生物学家认为暴龙家族长着"小短手"
是为了避免被其他动物咬到手。

或许你会想，堂堂丛林霸主的前肢变短竟然是怕手被咬到，怎么可能？这也太荒谬了吧！

但这一猜想也有很合理的解释：试想一下，几只长着巨大脑袋的暴龙正聚在一起用餐，它们争先恐后地撕咬着猎物。如果它们的手伸得太长的话，很可能会被其他狼吞虎咽的伙伴误食、误伤。若是再不小心将手伸长一点，其他暴龙家族成员很可能会因为护食的本能而咬掉它的手臂。为了避免这些事情的发生，暴龙家族的祖先就想办法将前肢缩短。

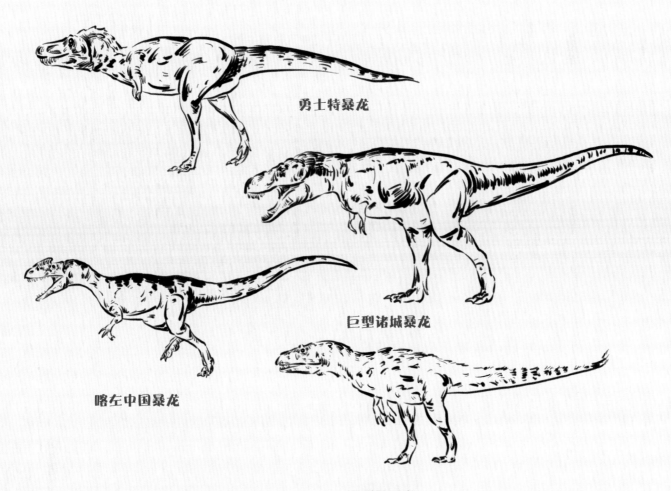

勇士特暴龙

巨型诸城暴龙

喀左中国暴龙

华丽羽王龙

古生物学家可以通过暴龙家族前肢的结构特点、活动方式、力量特征和活动范围等推测出它们前肢的功能。

许多人一直认为暴龙家族成员的掌心是向下的，
一些恐龙骨架、书籍插画以及电影中所呈现的掌心状
态也都是向下的。

掌心相对

**我心爱的
独龙**

但事实并不是这样。古生物学家菲尔·森特通过分析兽脚类恐龙的前肢骨架及各关节的运动范围发现，恐龙前肢的关节结构不允许它们的手腕发生转动，这样的关节活动限制使它们只能保持手心向内的动作，所以暴龙家族成员前肢正确的姿势应该是掌心相对。

如果真的是这样，暴龙家族成员捕猎时的前肢动作是以"拍手"的形式完成，它们会用力地抱住猎物，再加上它们强壮的下颌，猎物很难逃脱。

暴龙骨架

如果它们只依靠头部的力量来撕咬猎物确实很不方便。

所以一些古生物学家推测暴龙家族成员可能会通过强有力的后肢踩住猎物来辅助进食，就像现生的秃鹫一样，用爪子牢牢地按住猎物，然后再用嘴来撕咬。

捕食猎物

说起强有力的后肢，在过去的近一个世纪里，暴龙家族成员的站姿曾被认为呈三脚架步态，也就是它们的身体与地面至少呈45度角，并和袋鼠一样将尾巴拖在地面上。随着古生物学家的深入研究，以往对暴龙家族的很多认知被逐渐推翻。

一些古生物学家认为暴龙家族成员直立的步态并不正确，因为没有任何现生动物能够长期保持一种笔直的三脚架步态，而且这种姿势很容易导致暴龙家族成员的关节脱位或脱臼。

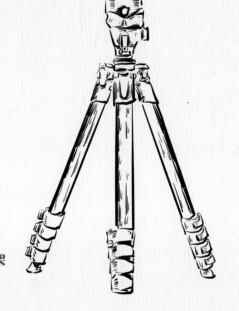

三角架

虽然恐龙站姿是直立的三脚架步态的观点并不正确，但是美国自然史博物馆已经装架好的直立骨架模型仍然影响了许多电影与绘画。

直到20世纪90年代，电影《侏罗纪公园》上映，导演将其中暴龙类恐龙塑造为身体与地面接近平行且尾巴高高抬起的步态形象，大众对暴龙站姿的误解才被纠正。

暴龙步态的变化

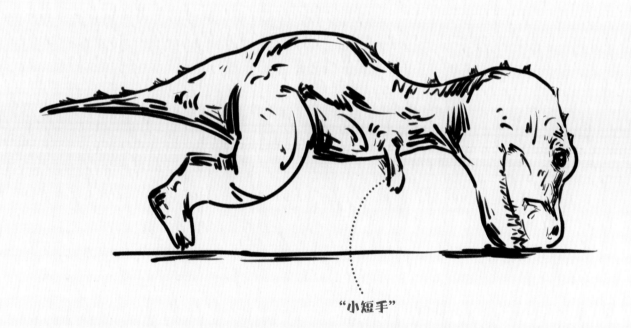

"小短手"

或许你会说，了解了这么多，暴龙家族成员的"小短手"究竟有什么作用呢？其实，古生物学家也被它们的"小短手"困扰了一个多世纪。

一些认为暴龙家族成员前肢有用的古生物学家根据它们的特性做了以下猜想：

猜想一：固定并控制猎物。

暴龙家族成员的捕猎利器无疑是它们巨大的头部和锋利的牙齿，但有时也需要用肢体固定和控制猎物的身体。因为猎物在面对危险时会本能地做一些挣扎，而暴龙家族有力的"小短手"在这时就可以帮助它们快速地抓住挣扎的猎物并不使自己受伤。

猜想二：用于求偶和社交。

求偶

有些古生物学家认为暴龙家族成员的前肢力量不足以固定和控制猎物。许多暴龙科恐龙的化石中有前肢骨折后又愈合的迹象，说明它们在日常生活中并不需要经常使用前肢。所以古生物学家推测暴龙家族成员的前肢可能是用于在求偶或与其他恐龙竞争时展示自己，它们可能会通过挥舞前肢来获得异性的青睐，或者在争夺社会地位时挥舞前肢，又或者用前肢做出动作与其他恐龙进行沟通交流。

猜想三：用于支撑起身。

　　暴龙家族成员在站立时，可以通过又重又长的尾巴和有力的后肢来使它们硕大的脑袋保持平衡。恐龙也需要休息和睡觉，毕竟捕猎是一件很耗费精力的事。它们很可能像如今的狮子和老虎一样，需要花费许多时间睡觉。当暴龙家族成员伏卧时，它们巨大的脑袋就会显得过于沉重，而"小短手"则可以帮助它们将前半身支撑起来，然后将身体的重心后移并站立起来。

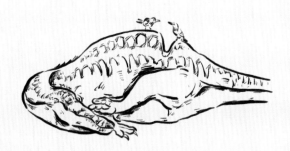

休息

猜想四：在交配时，用于抓住雌性的身体来使身体重心稳固。

　　暴龙家族成员强壮的后肢可以起到支撑身体以及辅助进食的作用。但是对于其他复杂的动作，可能还需要用前肢来辅助完成，从而保持重心的稳固。尤其在交配时，暴龙家族成员可以用它们的前肢来辅助站稳。

　　虽然这一系列猜想都是古生物学家根据暴龙家族成员的前肢特性提出的，但是大部分猜想都没有化石作为强有力的证据。不过，随着研究方法的不断进步，古生物学家也在不断地探索，开辟新的道路。我们相信暴龙家族成员的形象将会越来越清晰，而我们对暴龙家族成员的认识也会不断刷新。

后肢辅助进食

你不知道的"龙口"

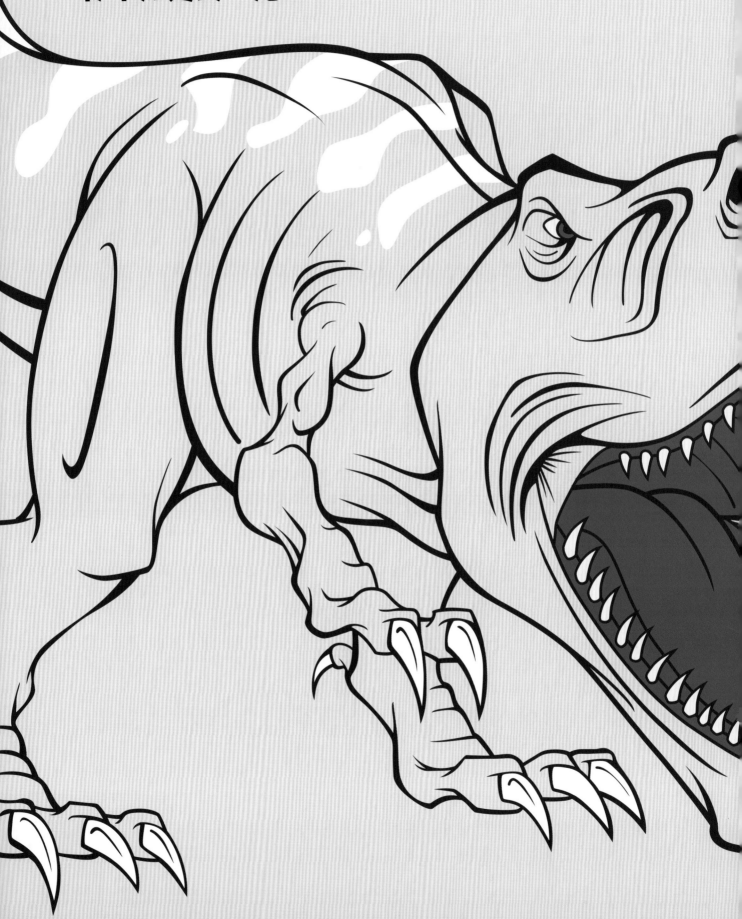

在遥远的恐龙时代，有一个家族成功地统治了地球2000多万年，这就是让其他恐龙闻风丧胆的暴龙家族。

暴龙家族成员最恐怖的"武器"当属它们的牙齿。随着时间的推移，它们的牙齿演化得又大又锋利，尤其是暴龙家族后期的成员，例如暴龙、特暴龙和诸城暴龙等，它们牙齿相关的各项指标几乎达到了顶峰。

暴龙头骨

或许你会说，大家都长有牙齿，为什么暴龙家族成员的牙齿如此厉害？以暴龙为例，暴龙的牙齿比其他兽脚类恐龙更大、更坚固。

即使是有史以来最大的肉食性恐龙——棘龙，它们的牙齿也没有暴龙的牙齿大。

棘龙

古生物学家研究了暴龙家族所有成员的牙齿形态，发现它们的牙齿边缘有很多棱角，增强了其撕咬的力量，可以轻松地穿透猎物的肌肉和骨架。

牙齿

试想一下，若是暴龙嘴中的60多颗牙齿一起发力，将会产生高达5.8吨的咬合力。它们惊人的咬合力可以将食物切成小块儿，然后将骨头和肉全部嚼碎吞咽下去。

古生物学家曾发现一块暴龙的粪便化石，这块粪便化石长达64厘米，里面含有很多小骨头。由此证明暴龙在进食时会将动物的骨头嚼碎并吞下。

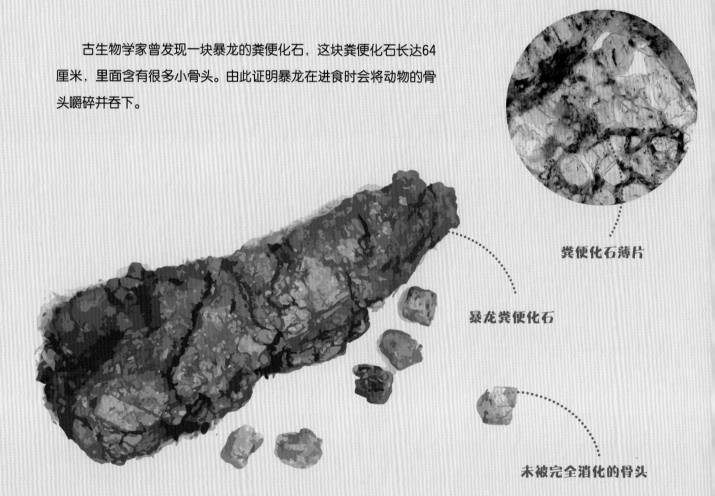

粪便化石薄片

暴龙粪便化石

未被完全消化的骨头

除此之外，为了保持良好的战斗力，暴龙家族的"武器库"会时常保养更新。深陷的牙槽结构使它们的牙齿具有极强的抗性。也就是说，它们在与其他恐龙搏斗的过程中几乎不会把牙齿折断。

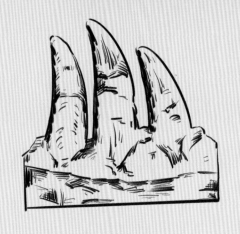

暴龙的牙齿

坏掉或磨损的牙齿一旦掉落，新的牙齿就会迅速生长出来。

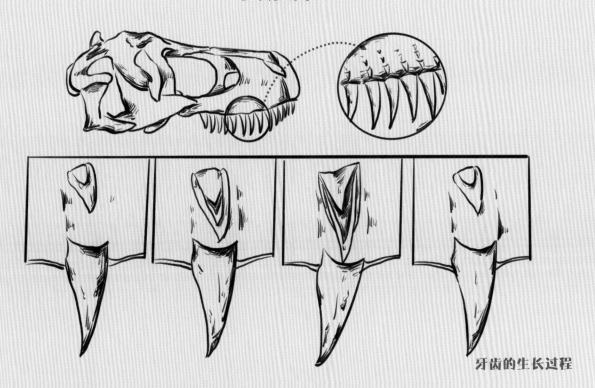

牙齿的生长过程

那么问题来了，暴龙家族的牙齿是如何更新的呢？其实这个秘密就藏在它们的牙根里。古生物学家通过扫描暴龙类恐龙的牙齿骨架发现，它们替换新牙齿的第一个迹象就是牙齿骨架受损，这说明暴龙家族的牙齿在受损的时候，新牙齿就已经开始生长了。

不断生长的新牙齿随时准备替换旧牙齿。遇到一点点外力，旧牙齿就会脱落，新牙齿便会顺势补上，而空缺出来的牙根又准备"孕育"新的牙齿。如此循环往复，暴龙家族的牙齿就可以终生生长，并一直进行新旧更替。

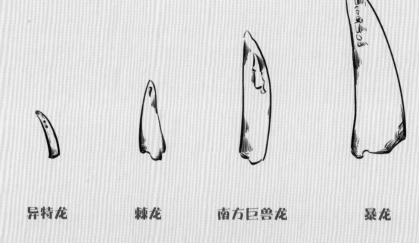

暴龙家族成员锋利的牙齿使它们的咬合力在兽脚类恐龙中名列前茅，它们似乎比其他兽脚类恐龙更容易咬碎猎物的骨架。

异特龙   棘龙   南方巨兽龙   暴龙

牙齿大小对比

异特龙等凶猛的肉食性恐龙虽然也有锋利的牙齿，但它们的牙齿并不能直接将动物的骨架咬碎。

古生物学家通过数字建模分析暴龙的咬合力发现，暴龙家族成员的咬合力会随着它们的成长而变化。

它们的咬合力并不是一出生就很厉害，在小暴龙类成员发育到亚成年且下颌长度大于58厘米后，其咬合力会迅速增长并远远超过其他肉食性恐龙。同体形的暴龙家族成员与其他肉食性恐龙在咬合力强度上的差距就此拉开。

锯齿形状

异特龙的牙齿

暴龙下颌

新的问题出现了，那就是暴龙家族成员到底有没有嘴唇。古生物学家对此众说纷纭。

直到2017年的一项研究表明，暴龙的嘴边被扁扁的鳞甲覆盖，暴龙家族成员极有可能是没有嘴唇的！如果是这样的话，堂堂霸主竟然是龅牙，那真是令人汗颜！

龅牙

当然，即便暴龙家族成员是龅牙，也不会影响它们强大的咬合力。而拥有如此惊人的咬合力除了需要有锋利的牙齿外，还需要强大的颌部力量。

暴龙家族成员的颌关节与其他肉食性恐龙不同，其他肉食性恐龙的下颌为了缓解冲击力，中心关节可以微微移动，但暴龙家族成员的下颌非常稳固，不能移动。

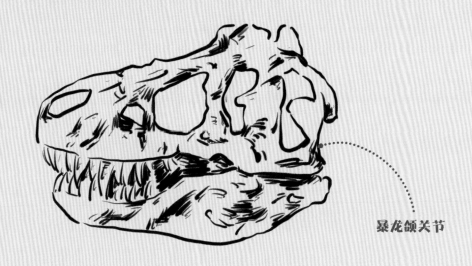

暴龙颌关节

暴龙家族成员的颌关节只能像剪刀一样上下开合，不能够进行前后、左右等复杂的运动。

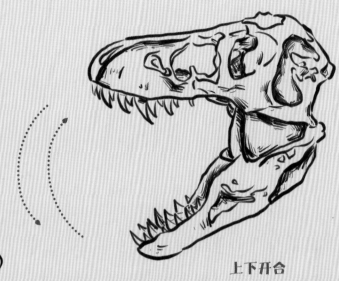

上下开合

又大又稳固的下颌

古生物学家分析了暴龙家族成员的颌关节，认为它们在捕猎的时候会通过迅速而猛烈的撕咬来杀死猎物，然后再上下运动颌部，用粗壮的牙齿将猎物切碎、吞咽。

古生物学家还通过复原暴龙家族成员的头部肌肉以及咀嚼时的骨架特征等分析暴龙家族成员的咬合力，发现它们嘴巴上方的鼻骨粗厚，关节扭合在一起且十分稳固，不会滑动。这样的结构特征使它们在咀嚼或撕咬时产生惊人的力量。

撕咬

不过，暴龙家族成员的捕猎"武器"是在演化后期才变得如此厉害，暴龙家族早期成员的头部力量较弱，咬合力也比暴龙家族晚期成员逊色。

例如虔州龙，它们的吻部较长，咬合力比暴龙家族晚期成员弱，但是它们的体形相对小，其奔跑速度可能比暴龙快很多且更具隐蔽性。

虔州龙捕食窃蛋龙

或许你会说，既然暴龙家族成员在后期演化出了如此强悍的猎捕"武器"，那它们一定是以捕猎为生。但是古生物学家约翰·霍纳却认为暴龙家族是一种食腐动物。他认为暴龙家族成员是尸体的清道夫，它们并不会主动猎食，而是以吃腐食为生。

约翰·霍纳为了论证他的食腐论，列出了如下证据：

证据一：暴龙家族成员的前肢异常细小，在猎捕中几乎没有作用。

证据二：在暴龙家族成员的脑部组织中，嗅觉神经占有很大的比例，这表明它们具有发达的嗅觉器官，可以闻到距离很远的尸体的气味。

证据三：暴龙家族成员的牙齿和有力的下颌可以用来压碎骨头，也使它们可以从猎物的尸体上咬下包含骨髓在内的组织。

证据四：暴龙家族大部分成员身体庞大，奔跑速度慢，追不到猎物。

证据五：暴龙家族成员的眼睛小，看不到远处的猎物。

暴龙食腐推测

看完上述证据，你是会感慨堂堂霸主竟然捡猎物的尸体吃，还是会像其他古生物学家一样提出异议？提出异议的古生物学家通过对暴龙家族成员的粪便化石、足迹化石以及相关动物的齿痕等进行分析，认为暴龙家族成员是不折不扣的猎食者，以猎食为生。

他们并不只是说说而已，同样找到了如下证据：

捕猎

证据一：暴龙家族成员的前肢虽然短小，但是它们依靠强大的头部力量完全可以狩猎。

证据二：如果暴龙家族成员只吃腐食，可能并不需要一个灵敏的嗅觉系统，让它们可以闻到猎物的味道。

证据三：不是只有尸体清道夫才会有吃骨头的习性。比如能够啃食骨头的斑鬣狗，它们大部分的食物都是靠狩猎获得。

证据四：虽然大部分暴龙家族成员跑得较慢，但是它们的猎物跑得更慢。古生物学家在一些植食性恐龙的化石上发现了被暴龙家族成员咬伤后愈合的伤痕。

证据五：暴龙的体形相对它们的眼睛来说并不大，但暴龙是双目视觉。随着暴龙家族成员的不断演化，它们的视觉也越来越好。如果暴龙家族成员是尸体清道夫，为何它们的双目视觉会经过自然选择而保存下来呢？

证据六：在当时的北美洲，只有暴龙一种大型猎食者，如果暴龙是尸体清道夫，植食性恐龙势必会快速繁衍，从而导致生态失衡。

种种迹象表明，暴龙家族成员是强悍的猎食者而非尸体清道夫。它们可能是以捕猎为生，偶尔才会吃腐食。就像许多现生的肉食性动物一样，它们在猎物缺乏的时候，也会以食腐或抢夺其他猎食者捕到的食物为生。

捕猎

根据最新的研究表明，地球上曾生活着约17亿只暴龙家族的成员。如果暴龙家族成员真的是以捕猎为生，且不算其他肉食性恐龙，单单暴龙家族这么多位成员就可以吃掉地球上多半的植食性恐龙了，这样就会产生供不应求的现象，许多暴龙家族成员会被饿死。难道它们最后的食物就是自己的"亲朋好友"吗？

奥氏独龙

其实，一般情况下暴龙家族的成员会独自生活、捕猎，例如本书的主角奥氏独龙。但也有例外，古生物学家在艾伯塔龙的化石中发现它们的小腿骨有骨折的痕迹。要知道，肉食性恐龙的小腿骨折意味着它们很难自行捕猎，将会面临生存危险。但古生物学家却发现这只骨折的艾伯塔龙存活了很久，直至伤口愈合。由此古生物学家猜测，这只受伤的艾伯塔龙得到了其他恐龙的照顾。

60

我心爱的
独龙

艾伯塔龙属于暴龙家族，其化石被发现于加拿大。它们和其他暴龙家族成员的外形比较相似，但体形比特暴龙和暴龙小，成年艾伯塔龙的体长仅约 9 米。

艾伯塔龙

古生物学家曾发现一个化石群，里面有26只艾伯塔龙的化石，据此推测，艾伯塔龙可能具有一定的社会合作性，它们会一起捕猎。

古生物学家还在加拿大发现了三只不同年龄段暴龙的足迹化石，它们正在捕食一只鸭嘴龙，由此推测暴龙可能会合作捕猎。在暴龙的生态环境中，成年暴龙与未成年暴龙分别占据着不同的生态位，通过各自的优势互补进行合作。

艾伯塔龙

更有趣的是，古生物学家还在一些暴龙的化石上多次发现了其他暴龙的咬痕。

古生物学家根据这些咬痕推测，暴龙之间可能会存在同类相食的行为。暴龙好战的性格可能会使它们之间经常发生战争，然后胜利者将战败的同类尸体吃掉。

或许你会说，这些咬痕可能是在它们互相打斗时，咬到对方造成的。但古生物学家发现大约有60%成年暴龙的头骨存在咬痕，所以它们的主要攻击方式更有可能是直接咬对方的脸部，使对方"毁容"。

同类厮杀

这样看来，暴龙并不会进行有组织的狩猎活动，它们更有可能和现生的鳄鱼一样在狩猎的时候成群结队，待狩猎结束后再分开生活。

结队捕猎

暴龙家族成员的"龙口"仍有许多未解之谜。它们虽然已经淹没在历史长河中，但大家对它们的喜爱却没有消散，吸引着无数人去探索。

千万不要被它们发现

《侏罗纪公园》中有这样一个情节：一个人对另外一个人说，即使你站在暴龙的正对面，如果你一动不动，它就看不到你，因为它对静止的物体不敏感。

可是事实真的是这样吗？

如果有一天你回到了6600万年前，与暴龙面对面，你真的会选择一动不动吗？

如果你选择一动不动的话，那我只能祝你好运，千万不要被它们发现。

藏起来！千万不要被我发现哦！

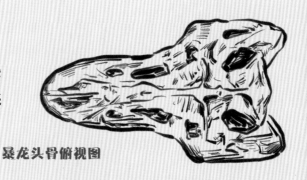

暴龙家族成员以其超常的视、听能力令其他恐龙家族成员望尘莫及。它们可以眼观六路耳听八方，毫无遗漏地掌握每一处细微的动静。

暴龙头骨俯视图

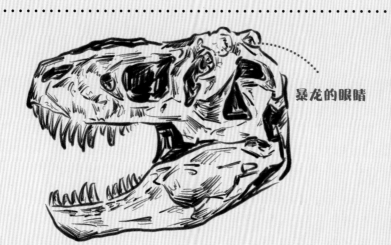

暴龙的眼睛

不管是静止还是有伪装的物体，都逃不过暴龙的火眼金睛，它可不会错过任何从它眼前经过的物体，除非它对其不感兴趣。或许你会说，它们的眼睛那么小，视力能好到哪里去？

可是你知道吗，恐龙视力好坏的评判标准与人类并不相同。

恐龙的视力并不取决于它们眼睛的大小，其眼睛的位置也是一个决定性因素。恐龙眼睛的位置可以影响它们的视野广度与双目视觉，这两个要素对于它们捕猎与保护自己是必不可少的。

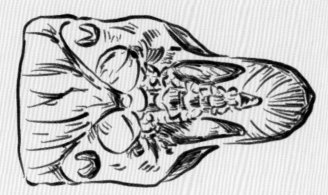

暴龙头骨

视野广度的意思是恐龙的双眼距离较大，可以看到视野范围更广的东西，甚至可以环视四周，及时发现敌人与猎物。但是，这样也会导致它们的视野无法重叠，缺乏立体感，不能准确地判断距离，这个特点和现生的鸽子相似。

**我心爱的
独龙**

双目视觉是指生物在双眼视野范围互相重叠下所产生的视觉。眼睛位于头骨前方的动物，如猫头鹰，它们左、右眼的重叠视野会变大，看东西的立体感变强，可以快速且精准地判断出目标位置。但双目视觉所带来的问题就是视野变窄。

双目视觉只与立体感有关，虽然不能单独作为衡量视力好坏的标准，却可以影响整体的视觉能力。

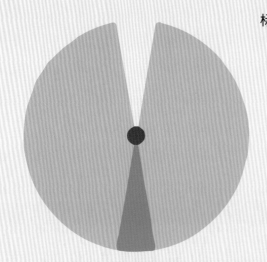

鸽子的视野

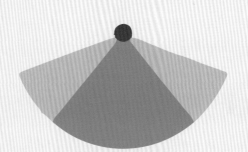

猫头鹰的视野

**深色——双目视觉
浅色——视野广度**

所以，恐龙若想获得绝佳的视觉能力，就需要兼顾视野广度和双目视觉。

暴龙的眼睛

一些肉食性恐龙的双眼距离较近，且眼睛长在头部的前面，其重叠的视野可以增强它们视觉的立体感，从而帮助它们在捕猎中更好地判断与猎物的距离。

植食性恐龙需要更广阔的视野来观察猎食者，所以它们的眼睛距离较大且位于头部的两侧。这样的结构不仅可以帮助它们发现前面与侧面的危险，还可以及时发现身后的敌人。

鸭嘴龙

古生物学家发现鸭嘴龙类恐龙的眼眶特别大，由此推测它们有一双很大的眼睛。 鸭嘴龙类恐龙的眼睛位于头部的两侧，间距较大，视野极其开阔。它们不需要转动头部，就可以及时发现前面、侧面，甚至身后的猎食者。

暴龙家族成员的生活时期处于肉食性恐龙演化的巅峰时期，它们不像一些肉食性恐龙的眼睛长在头部两侧，它们的眼睛长在头部的前面，视野重叠区域比较大，具有很好的立体视觉，可以用三维视角看世界。古生物学家认为暴龙家族成员的立体视觉是经过漫长的演化才形成的，与一些肉食性恐龙相比，它们的视线更加清晰，可以更加准确地判断出自己与猎物的距离，从而提高捕猎的成功率。

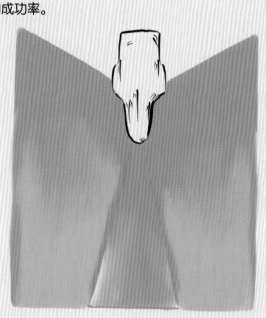

暴龙的视觉，绿色区域为重叠视野，即双目视觉

或许你会说，别开玩笑了，暴龙和
诸城暴龙的眼睛那么小，和大眼睛根本
不沾边儿。

没错，暴龙和诸城暴龙的眼睛相对于它们的身体比例来说的
确是小了一些。但是它们的眼球直径可达13厘米，相当于两颗棒球
那么大，这在陆生动物中也算得上是大眼睛了。

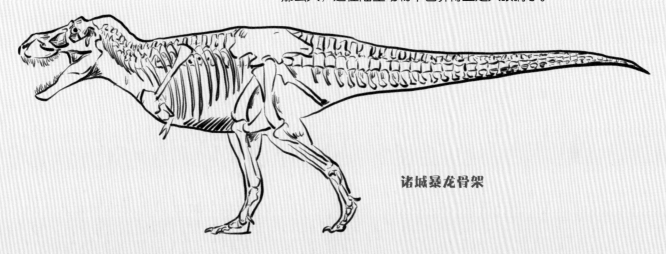

诸城暴龙骨架

暴龙和诸城暴龙的视网膜很大，可以吸收丰富的光源和视觉信息，这使它们可以看到几千米以内的猎物，
最远可以看到大约6000米以外的物体，可以称得上是恐龙家族中的"千里眼"。

诸城暴龙的"千里眼"

古生物学家用暴龙的脑颅化石对其大脑重建后发现，暴龙的头骨非常大，其中，管理视觉的组织在大脑中所占比例也很大，由此说明暴龙的视觉很发达。

暴龙头骨

暴龙的头骨后方宽广，口鼻部狭窄，眼睛前方没有遮挡物，可以扩展它们双眼的视觉重叠区域。

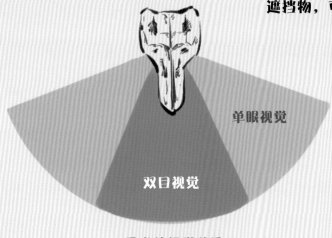

单眼视觉

双目视觉

暴龙的视觉范围

暴龙"苏"正面形态

暴龙的双目视觉可达55度，也就是说暴龙所看到物体的立体感与人类很相似。但是暴龙的眼球和视叶，也就是处理视觉和形成短期记忆的视觉神经系统比人类发达一些。暴龙的视力敏锐度是人类的13倍，相比之下，现生鹰类的视力敏锐度仅是人类的3.6倍。如此好的视力再加上近6米的身高，使它们在千里之外就可以迅速确定猎物的位置而不被猎物发现。

注视

与暴龙相比，恐龙王国中的另一位霸主——异特龙，它们的口鼻和脸部都很宽，眼睛位于头部的两侧，遮挡了它们前方的视线。

再加上异特龙的眼睛上方长有突起的角冠，严重地影响了它们的重叠视野。它们的双目视觉仅在20度以内，都不如现生鳄鱼的视力。虽然它们的视力不好，但它们的视野广度较大，可以在不被猎物发现的情况下"横扫"周边，不然它们也无法在侏罗纪称霸。

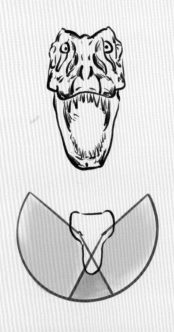

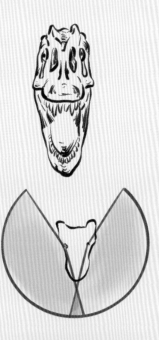

暴龙的视觉范围　　　异特龙的视觉范围

异特龙的平均体长可达10米，它们属于大型的肉食性恐龙。虽然它们的咬合力、视力以及奔跑速度都逊色于暴龙，但是它们会通过团体作战来提高捕猎效率。古生物学家推测异特龙的捕猎方式类似于现生的大型猫科动物，它们会用强有力的前肢钩住猎物，然后咬住猎物的要害。

异特龙

暴龙家族成员除了有厉害的"千里眼"外，还拥有自然界猎食者梦寐以求的超强嗅觉。古生物学家还发现暴龙家族成员的脑容量较大，所以推测它们的智力水平也比较高。

　　或许你会不服气地说，它们的智力再高也没有产生文明。况且它们的智力是如何测得的，难不成让它们做一套智力测试题？其实，古生物学家自有他们的方法。

古生物学家是通过了解恐龙的头部与身体比例的相对大小来了解恐龙的智力的。恐龙的大脑很柔软，在它们死亡后很快就会腐烂分解，大部分的脑部组织来不及变成化石就消失了。但古生物学家可以通过颅腔模型建构出恐龙脑部的大小，了解脑部哪些位置比较发达，从而研究恐龙脑部的大小、神经系统和功能等。

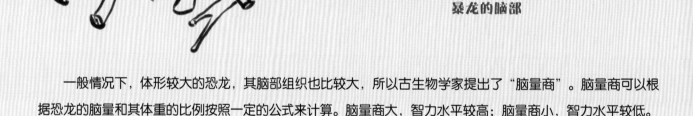

暴龙的脑部

　　一般情况下，体形较大的恐龙，其脑部组织也比较大，所以古生物学家提出了"脑量商"。脑量商可以根据恐龙的脑量和其体重的比例按照一定的公式来计算。脑量商大，智力水平较高；脑量商小，智力水平较低。

　　除此之外，古生物学家还通过了解恐龙生活方式的复杂性，推断它们的智力水平是否能应对复杂的生活，从而推断出它们的智商。

　　古生物学家根据暴龙家族成员的化石和捕猎方式，证明它们拥有较高的智商。它们在面对敏锐、有"防护铠甲"、跑得很快，甚至长着"武器"的猎物时，若没有较高的智商和出色的捕猎技能，很难将它们捕获。

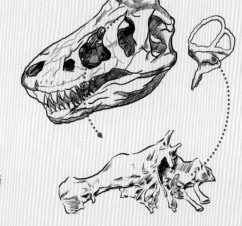

重建的暴龙大脑

暴龙家族成员的大脑有评估和思考能力，还有较强的逻辑能力。

灵敏的嗅觉可以使它们捕捉到空气中猎物细微的气味，"千里眼"可以使它们及时发现猎物，而双目视觉可以准确地评估它们与猎物的距离，上述种种特征都需要它们的脑部拥有较好的评估能力。

艾伯塔龙

除此之外，暴龙家族成员在捕猎时还会等待最佳时机并在最短的有效距离发起进攻，确保一击必杀。这一连串的动作也表明暴龙家族成员具有较高的智商。对于一些喜欢通过合作来捕猎的暴龙家族成员来说，它们在捕猎前还会做出一个详细的计划，并提前安排好伏击。它们在猎食行动中还会根据情况改变计划，这些都需要较高的智商、沟通能力和理解能力。

由此看来，暴龙家族成员不仅拥有厉害的捕猎武器，还拥有聪明的大脑，如果与它们遇上的话，只能祈祷千万不要被它们发现。

暴龙

第四章 追寻恐龙

提起恐龙，许多人脱口而出的可能是暴龙、三角龙、梁龙和腕龙，但这些都是生活在史前北美洲的恐龙。如果你是恐龙迷，你能说出几种生活在中国的恐龙吗？或者你知道世界上发现恐龙数量最多的国家是哪个吗？

我心爱的
独龙

截至 2022 年 4 月，中国已经研究命名了 338 种恐龙，并且每年还在以 10 个左右的数字增长。目前，古生物学家在全国的 22 个省级行政区都发现了恐龙化石，其中，辽宁、内蒙古和四川是名副其实的"恐龙大户"。

暴龙家族来报到

我是奥氏独龙，我的化石发现于内蒙古自治区二连浩特市。

我是五彩冠龙，我的化石发现于新疆维吾尔自治区准噶尔盆地。

我是奇异帝龙，我的化石发现于辽宁省北票市。

我是华丽羽王龙，我的化石发现于辽宁省北票市。

我心爱的
独龙

我是喀左中国暴龙，我的化
石发现于辽宁省朝阳市。

我是白魔雄关龙，我的化石
发现于甘肃省嘉峪关市。

我是巨型诸城暴龙，我的化
石发现于山东省诸城市。

我是中华虔州龙，我的化
石发现于江西省赣州市。

我是勇士特暴龙，我的化石发现
于河南省、新疆维吾尔自治区、
山东省，蒙古国。

ERASER
LATEX·FREE